兽用

抗菌药安全使用知识

第二版

中国兽医药品监察所 编

中国农业出版社

北京

编 写 人 员

主　编　郭　晔　刘业兵

编　者　郭　晔　刘业兵　张广川　王　甲

　　　　李　倩　王　彬　王　娟　郭　辉

审　稿　李　明　高　光　巩忠福

绘　图　于　童

第二版前言 Foreword

　　本书自2017年第一次出版以来，发行2万余册，深受广大畜牧养殖户和养殖相关从业人员的欢迎。由于我国对兽用抗菌药管理的不断加强和完善，对兽用抗菌药安全使用认识水平不断提升，为适应发展需要，我们对《兽用抗菌药安全使用知识》第一版进行了修订、再版。

　　本版在第一版基础上，收集近两年我国关于兽用抗菌药管理和使用的新要求、新知识、新技术和新理念，在部分章节的新增内容上有所体现，同时，删除了已经明确废止的国家规范性文件内容，以求用简明易懂的形式，普及和宣传兽用抗菌药安全使用知识，更好满足广大畜牧养殖户和畜牧业发展的需要。

　　由于编者水平和能力所限，本书还可能存在不妥之处，恳请广大读者批评指正。

编　者

2019年3月

第一版前言 Foreword

　　正确使用兽用抗菌药，不仅能够及时有效地防治动物疾病，还能改善动物的生长性能，促进畜牧养殖业的健康发展。但是，近年来，因为不规范用药涉及兽药残留、动物源细菌耐药性和抗生素导致环境污染等话题不时见诸报端，引起了社会民众的广泛关注。

　　为普及兽用抗菌药知识，宣传、推广兽用抗菌药的安全使用方法，切实保障动物产品安全、公共卫生安全和人类的健康，我们编写了这本《兽用抗菌药安全使用知识》科普图册。本册涵盖了兽用抗菌药基本知识、使用原则、安全使用方法、长期使用的危害等内容，希望本手册能够在畜牧养殖业从业人员、特别是在广大规模养殖户中，进一步普及合理、规范使用兽用抗菌药的知识，降低滥用兽用抗菌药带来的危害，在保证农产品质量安全、保障人类健康方面起到积极作用。

　　由于时间仓促，编辑过程中疏漏之处在所难免，敬请广大读者批评指正。

编　者
2017年5月

目 录 CONTENTS

一、兽用抗菌药基本知识

（一）什么是兽用抗菌药

抗菌药是指能抑制或杀灭细菌，用于预防和治疗细菌性感染的药物，包括抗生素和人工合成抗菌药。在兽医临床上，用于预防、治疗动物细菌性感染的抗菌药，称为兽用抗菌药。

（二）主要兽用抗菌药分类

1.抗生素类　是细菌、真菌、放线菌等微生物的代谢产物，在极低浓度下能抑制或杀灭其他微生物。抗生素是从微生物的培养液中提取的，还能对其化学结构进行改造后获得新化学物，称为半合成抗生素。

根据抗生素的化学结构，可将其分为：

β-内酰胺类：主要包括青霉素类和头孢菌素类，前者有青霉素、氨苄西林、阿莫西林、苯唑西林等，后者有头孢氨苄、头孢喹肟、头孢噻呋等。

氨基糖苷类：主要有链霉素、卡那霉素、庆大霉素、新霉素、大观霉素、安普霉素等。

大环内酯类：红霉素、泰乐菌素、替米考星、吉他霉素等。

四环素类：土霉素、四环素、金霉素、多西环素等。

此外，还有林可胺类、多肽类、酰胺醇类、截短侧耳素类、含磷多糖类等。

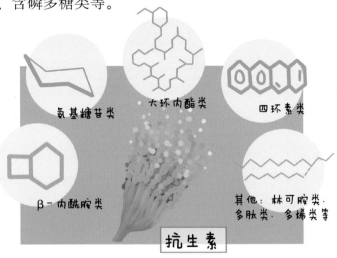

2.化学合成抗菌药 抗菌药除了上述抗生素之外，还有许多人工合成的药物，在防治动物疾病方面起着重要的作用。

化学合成抗菌药分为：

磺胺类及其增效剂：主要包括磺胺嘧啶、磺胺对甲氧嘧啶等。

氟喹诺酮类：主要有环丙沙星、恩诺沙星等。

喹噁啉类：主要有乙酰甲喹、喹烯酮等。

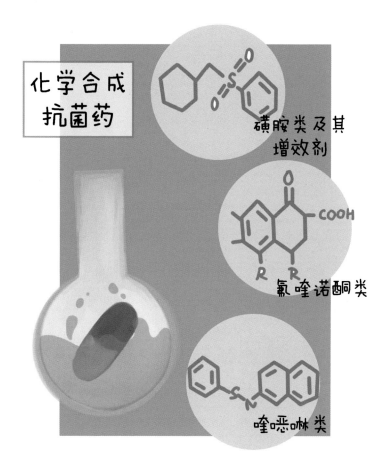

（三）兽用抗菌药的常用剂型

　　片剂、注射剂、胶囊剂、粉剂、预混剂、颗粒剂、可溶性粉、口服溶液剂、乳房注入剂、子宫灌注剂、软膏剂等。

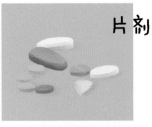

片剂

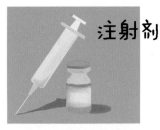

注射剂

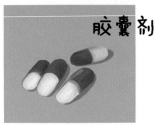

胶囊剂

可溶性粉

预混剂

口服溶液剂

灌注剂

软膏剂

（四）兽用抗菌药的常用给药途径

注射给药：静脉注射、肌肉注射、皮下注射等。
口服给药：饮水给药、混饲给药、内服给药等。
局部给药：乳房注入、子宫灌注等。

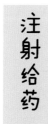
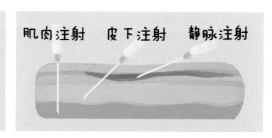

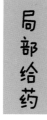
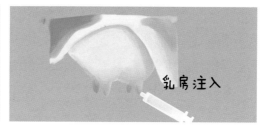

 （五）兽用抗菌药的作用机制

1.抑制细菌细胞壁的合成　如青霉素类、头孢菌素类和杆菌肽等。

2.增加细菌细胞膜的通透性　如多肽类、多烯类等。

3.抑制细菌蛋白质合成　如四环素类、大环内酯类、酰胺醇类、林可胺类等。

4.抑制细菌DNA合成　如氟喹诺酮类等。

5.抑制细菌叶酸代谢　如磺胺类等。

 （六）专业名词

1.抗菌谱　是指抗菌药抑制或杀灭病原微生物的范围。

广谱抗菌药：能抑制或杀灭多种不同种类的细菌，抗菌作用范围广泛的药物，如阿莫西林、头孢噻呋、氟苯尼考、多西环素、恩诺沙星，它们不仅对革兰氏阳性菌和革兰氏阴性菌有抗菌作用，对支原体、衣原体、立克次体等也有抑制作用。

窄谱抗菌药：抗菌范围小，仅作用于单一菌种或单一菌属，如青霉素只对革兰氏阳性菌有效，链霉素、新霉素只对革兰氏阴性菌有效。

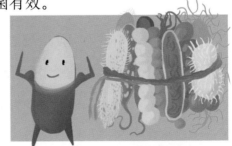

广谱抗菌药

窄谱抗菌药

2.抗菌活性　是抗菌药抑制或杀灭细菌的能力。能够抑制培养基内细菌生长的最低浓度称为最小抑菌浓度（MIC）。以杀灭细菌为评定标准时，使活菌总数减少99%或99.5%以上，称为最小杀菌浓度（MBC）。

3.杀菌药和抑菌药　是抗菌药一般按常用量在血液和组织中的药物浓度所具有的杀菌或抑菌性能，分为杀菌药和抑菌药。杀菌药是指能够杀灭细菌的药物，如β-内酰胺类、氟喹诺酮类、氨基糖苷类；抑菌药是指能抑制细菌生长繁殖，如磺胺类、大环内酯类、四环素类。

4.耐药性　是指细菌等微生物对抗菌药物作用的敏感性降低，而出现耐受性，又称为抗药性，可分为固有耐药性和获得耐药性两种。

5.兽药残留 是指食品动物在使用兽药后蓄积或储存在细胞、组织或器官内，或进入泌乳动物的乳或产蛋家禽的蛋中的药物原型及其代谢物。

6.休药期 是指畜禽停止给药到许可屠宰或其产品（乳、蛋）许可上市的间隙时间，休药期随动物种属、药物种类、制剂形式、用药剂量及给药途径不同而有差异，与药物在动物体内的消除率和残留量有关。休药期的规定是为了避免供人食用的动物组织或产品中残留药物超标。

7.兽用处方药和兽用非处方药　兽用处方药是指凭兽医处方才能购买和使用的兽药，兽用处方药目录由农业农村部制定并公布。

兽用非处方药是指不需要兽医处方即可自行购买并按照说明书使用的兽药，兽用处方药目录以外的兽药为兽用非处方药。

二、 畜禽养殖中为什么要用抗菌药

1.随着养殖规模化、集约化的快速发展，养殖密度加大，动物疾病传播加快，养殖动物在抵抗力下降时都会受到细菌等致病微生物的侵袭，若不及时治疗，动物的健康就会受到严重的影响，进而会影响到产品的质量和产量，从而造成损失。如果能及时使用合适的抗菌药治疗，就可以避免损失。

2.动物有时会患一些细菌性的人畜共患疾病，例如猪链球菌病、猪丹毒等，这些疾病对人和动物的危害都是很大的。猪链球菌病若不及时治疗，病死率非常高，而且传播非常迅速。对人的健康也会构成很大的威胁。抗菌药恰好可以用于防治这些疾病，抗菌药的使用就显得非常重要。

3.抗菌药作为治疗和预防动物感染性疾病的主要手段，只要制定科学的给药方案，并且合理使用抗菌药，不仅可以有效防止耐药性的发生，而且会促进养殖业健康发展，所以兽用抗菌药是养殖业重要的保障物质之一，没有兽用抗菌药就不可能有现代化的养殖业，养殖业离不开兽用抗菌药。

三、 兽用抗菌药物使用原则

（一）兽医指导下用药

兽用抗菌药大多是处方药，属于处方药的，按照农业农村部《兽用处方药和非处方药管理办法》规定，不能随便购买，需持有兽医处方方可购买，并在兽医指导下使用。

（二）严格掌握适应症

正确诊断是选择药物的前提，有了确切诊断，了解致病菌种类，通过药敏试验，选择对病原菌高度敏感的药物。

（三）制定合理的给药方案

抗菌药在机体内要发挥杀灭或抑制病原菌的作用，必须在靶组织或器官内达到有效的浓度，并能维持一定的时间。因此，在给药上，应在考虑各类药物特征的基础上，结合畜禽的病情、体况，制定合理的给药方案。

（四）控制用量和疗程

使用抗菌药治疗，就要依据药物说明按时按量投药，不轻易停药，保证疗程。一般首次用药剂量以规定剂量的上限为宜；急性传染病和严重感染时剂量也以上限为宜。给药途径也应适当选择，严重感染时可采用注射给药，一般感染以通过口服给药为宜。

（五）联合应用抗菌药

联合应用抗菌药指的是不同类别的抗菌药的联合使用，联合应用抗菌药的目的主要在于扩大抗菌谱、增强疗效、减少用量、降低或避免毒副作用，减少或延缓耐药菌株的产生。多数细菌性感染只需用一种抗菌药物进行治疗，即使细菌的合并感染，目前也有多种广谱抗菌药可供选择。联合用药仅适用于少数情况，一般两种药物联合即可，同一类抗菌药不能同时使用。

（六）避免配伍禁忌

抗菌药物之间以及抗菌药与其他药物联合使用时，有时会发生相互作用，影响药物疗效，引起不良反应，应设法避免。

（七）防止不良反应

动物机体的机能状态不同，对药物的反应亦有差异，应用抗菌药物治疗畜禽疾病的过程中，除要密切注意药效外，同时要注意可能出现的不良反应，一经发现应及时停药、更换药物和采取相应解救措施。营养不良、体质衰弱或孕畜对药物的敏感性较高，容易产生不良反应。

（八）严格遵守休药期

为有效避免抗菌药物在动物源性食品中残留的发生，要严格遵守休药期的规定。

（九）避免影响免疫反应

在进行各种菌苗预防接种前后数天内，不宜使用抗菌药。

（十）防止产生耐药性

不宜长时间固定使用某一类或某几种抗菌药，要有计划地分期、分批交替、轮换使用不同类或不同作用机理的抗菌药。

四、 兽用抗菌药的安全使用

 (一) 坚持"四不原则"

1.不随意买药　多数抗菌药是处方药，不能随便购买，需凭兽医处方购买兽药。

2.不自行选药　抗菌药需对因才能充分发挥药效。

3.不盲目投药　抗菌药需遵医嘱给动物投服，不能随意乱用。

4.不随意停药　按照兽医处方给感染动物使用抗菌药治疗，就要依据药物使用按时按量投药，并保证疗程。

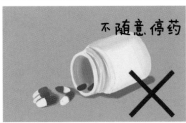

（二）读懂标签说明书

1.兽药标签和说明书主要内容 《兽药标签说明书管理办法》规定，兽药的标签和说明书，应以中文注明兽药的通用名称、成分及其含量、规格、生产企业、产品批准文号(进口兽药注册证号)、产品批号、生产日期、有效期、适应症或者功能主治、用法、用量、休药期、禁忌、不良反应、注意事项、运输贮存保管条件及其他应当说明的内容。有商品名称的，还应当注明商品名称。

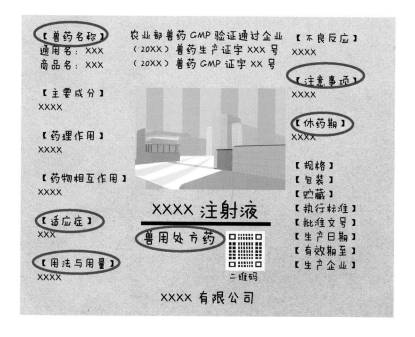

2.查看兽药有效期 兽药有效期系指在规定的贮藏条件下能够保证质量的期限。在采购和使用兽药产品时，应当查验兽药标签中的有效期限，超过有效期限的不能使用。

兽药有效期按年月顺序标注。年份用四位数表示，月份用两位数表示，如"有效期至2018年9月"或"有效期至2018.09"。

3.注意兽药保存条件　保存条件系指对兽药贮存与保管的基本要求。防止兽药变质的主要因素，包括空气、温度、湿度、光照、贮藏时间等。

常用的保存条件术语表示如下：

（1）避光是指用不透光的容器包装，例如棕色容器或黑色包装材料包裹的无色透明、半透明容器。

（2）密闭是指将容器密闭，以防止尘土及异物进入。

（3）密封是指将容器密封，以防止风化、吸潮、挥发或异物进入。

（4）熔封或严封是指将容器熔封或用适宜的材料严封，以防止空气与水分的侵入并防止污染。

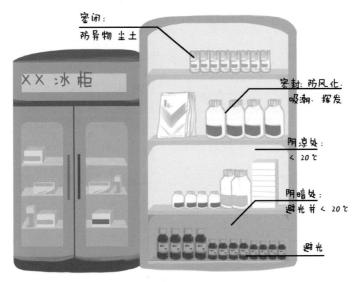

密闭:
防异物 尘土

密封: 防风化:
吸潮. 挥发

阴凉处:
< 20℃

阴暗处:
避光并 < 20℃

避光

XX冰柜

冷处: 2~10℃　　常温: 10~30℃

（5）阴凉处是指不超过20℃。

（6）凉暗处是指避光并不超过20℃。

（7）冷处是指2 ~ 10℃。

（8）常温是指10 ~ 30℃。

除另有规定外，贮藏项未规定贮存温度的一般系指常温。

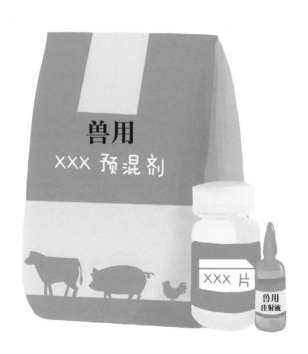

五、 兽医临床常用抗生素和合成抗菌药

（一）抗生素

1.β-内酰胺类

（1）青霉素、苄星青霉素、氨苄西林、阿莫西林、海他西林。

（2）头孢菌素类，如头孢氨苄、头孢噻呋、头孢喹肟等。

2.氨基糖苷类 如链霉素、庆大霉素、卡那霉素、新霉素、大观霉素和安普霉素等。

3.四环素类 如金霉素、土霉素、四环素和多西环素等。

4.酰胺醇类 如甲砜霉素、氟苯尼考。

5.大环内酯类 如红霉素、吉他霉素、泰乐菌素、替米考星、泰万菌素、泰拉霉素等。

6.多肽类 如杆菌肽锌、黏菌素、那西肽和恩拉霉素等。

7.林可胺类 如林可霉素。

8.短侧耳素类 如泰妙菌素、沃尼妙林等。

9.其他 赛地卡霉素等。

（二）合成抗菌药

1.氟喹诺酮类　环丙沙星、恩诺沙星、沙拉沙星、二氟沙星、达氟沙星、马波沙星等。

2.磺胺类　磺胺嘧啶、磺胺噻唑、磺胺二甲嘧啶、磺胺甲噁唑、磺胺对甲氧嘧啶、磺胺间甲氧嘧啶、磺胺喹噁啉、磺胺氯吡嗪、磺胺氯达嗪、磺胺脒、甲氧苄啶、二甲氧苄啶等。

3.喹噁啉类　乙酰甲喹、喹烯酮等。

兽用抗菌药

六、 长期使用抗菌药的危害

长期使用抗菌药的危害如下：

导致细菌产生耐药性。

在敏感菌得到控制的同时，不敏感菌或耐药菌大量繁殖，产生新的感染菌源，造成二重感染。

损伤动物免疫器官，使畜禽机体的免疫力下降。

引起畜禽肝肾功能异常、过敏性休克等副作用。

由于抑制或杀灭了正常菌群，影响肠道的运动和对营养物质的吸收。

长期少量使用抗生素促进畜禽生长，造成畜禽产品中产生兽药残留。

畜禽产品中残留的抗生素和耐药菌株，通过食物链转移给人类，从而危害到人类健康，影响公共卫生安全。

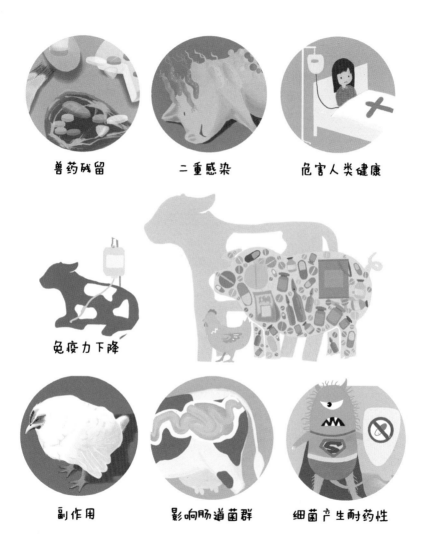

兽药残留　　　　二重感染　　　　危害人类健康

免疫力下降

副作用　　　影响肠道菌群　　　细菌产生耐药性

21

七、 禁止在动物养殖中使用的抗菌药

1.全面禁止使用的抗菌药

禁止在食品动物中使用诺氟沙星、培氟沙星、洛美沙星、氧氟沙星、氨苯胂酸、洛克沙胂6种抗菌药。

禁止使用氯霉素、硝基呋喃类。

2.禁止使用促生长抗菌药

禁止硫酸黏菌素用于动物促生长。

禁止硝基咪唑类用于动物促生长。

3.禁止部分动物在饲养阶段使用抗菌药

禁止恩诺沙星片(可溶性粉)、盐酸（乳酸）环丙沙星可溶性粉、甲磺酸达氟沙星粉、阿莫西林可溶性粉在蛋鸡产蛋期使用。

八、 控制兽药残留和动物源细菌耐药性采取的措施

为安全使用兽用抗菌药，控制兽药残留和防控动物源细菌耐药性，农业部高度重视，采取了多项控制措施。

《兽药管理条例》对兽药使用进行规定，禁止使用的药品和其他化合物，必须遵守在饲料中添加的兽药、休药期和兽药残留最高限量等要求。

2002年农业部公告第176号和第193号发布《禁止在饲料和动物饮用水中使用的药物品种目录》《食品动物禁用的兽药及其他化合物清单》，2010年农业部公告第1519号发布《禁止在饲料和动物饮水中使用的物质》。

2002年农业部公告第235号，发布了《动物性食品中兽药最高残留限量》。

2005年农业部公告第560号发布《兽药地方标准废止目录》。

农业部公告2013年第1997号、2016年第2471号，发布了《兽用处方药品种目录》（第一批、第二批）。

2015年6月农业部公告第2292号发布，禁止在食品动物中使用诺氟沙星、培氟沙星、洛美沙星、氧氟沙星4种抗菌药。

2015年7月农业部发布了《全国兽药（抗菌药）综合治理五年行动方案》（农质发〔2015〕6号），计划用五年时间开展系统、全面的兽用抗菌药滥用及非法兽药综合治理活动，以进一步加强兽用抗菌药（包括水产用抗菌药）的监管，提高兽用抗菌药科学规范使用水平。

2016年7月起，农业部实施兽药产品电子追溯码（二维码）标识，我国生产、进口的所有兽药产品需赋"二维码"上市销售，实现全程追溯。

2016年7月农业部公告第2428号发布，停止硫酸黏菌素用于动物促生长。

2017年5月成立了"全国兽药残留与耐药性控制专家委员会"，为推进兽药残留控制、动物源细菌耐药性防控工作提供技术支撑。

2017年6月农业部发布了《全国遏制动物源细菌耐药行动计划（2017—2020年）》，进一步加强动物源细菌耐药性监测工作，促进养殖环节科学合理用药，保障动物源食品安全和公共卫生安全。

2018年1月农业部公告第2638号发布，停止在食品动物中使用喹乙醇、氨苯胂酸、洛克沙胂3种兽药。

2018年4月农业农村部公布了《兽用抗菌药使用减量化行动试点工作方案（2018—2021年）》，全面实施启动全国兽用抗菌药使用减量化行动。

2019年1月农业农村部畜牧兽医局印发《养殖场兽用抗菌药使用减量化效果评价方法和标准（试行）》，指导试点养殖场做好兽用抗菌药使用减量化工作。

2019年3月农业农村部畜牧兽医局公布了《药物饲料添加剂退出计划（征求意见稿）》，拟决定自2020年底实施药物饲料添加剂退出计划。

2001 《饲料药物添加剂使用规范》

2002 《禁止在饲料和动物饮用水中使用的药物品种目录》

2005 《兽药地方标准废止目录》

2013 《兽用处方药品种目录（第一批）》

2015 《全国兽药（抗菌药）综合治理五年行动方案》

2016 兽药产品电子追溯码（二维码）标识

2017 《全国遏制动物源细菌耐药行动计划（2017—2020年）》

2018 《兽用抗菌药使用减量化行动试点工作方案（2018—2021年）》

2019 《养殖场兽用抗菌药使用减量化效果评价方法和标准（试行）》

附 录

中华人民共和国农业部公告 第2292号

为保障动物产品质量安全和公共卫生安全，我部组织开展了部分兽药的安全性评价工作。经评价，认为洛美沙星、培氟沙星、氧氟沙星、诺氟沙星4种原料药的各种盐、酯及其各种制剂可能对养殖业、人体健康造成危害或者存在潜在风险。根据《兽药管理条例》第六十九条规定，我部决定在食品动物中停止使用洛美沙星、培氟沙星、氧氟沙星、诺氟沙星4种兽药，撤销相关兽药产品批准文号。现将有关事项公告如下：

一、自本公告发布之日起，除用于非食品动物的产品外，停止受理洛美沙星、培氟沙星、氧氟沙星、诺氟沙星4种原料药的各种盐、酯及其各种制剂的兽药产品批准文号的申请。

二、自2015年12月31日起，停止生产用于食品动物的洛美沙星、培氟沙星、氧氟沙星、诺氟沙星4种原料药的各种盐、酯及其各种制剂，涉及的相关企业的兽药产品批准文号同时撤销。2015年12月31日前生产的产品，可以在2016年12月31日前流通使用。

三、自2016年12月31日起，停止经营、使用用于食品动物的洛美沙星、培氟沙星、氧氟沙星、诺氟沙星4种原料药的各种盐、酯及其各种制剂。

农业部

2015年9月1日

中华人民共和国农业部公告 第2428号

为保障动物产品质量安全和公共卫生安全，根据《兽药管理条例》规定，我部组织开展了硫酸黏菌素安全性评价工作。根据评价结果，我部决定停止硫酸黏菌素用于动物促生长。现将有关事项公告如下。

一、发布修订后的硫酸黏菌素预混剂和硫酸黏菌素预混剂（发酵）的质量标准、标签和说明书，自2016年11月1日起执行。我部原发布的同品种质量标准同时废止（农业部公告第1594号同品种质量标准除外）。

二、2016年11月1日前，已申报硫酸黏菌素预混剂和硫酸黏菌素预混剂（发酵）批准文号且兽药检验机构已完成样品检验的，兽药检验报告标注的执行标准可为原兽药质量标准。

三、按原兽药质量标准取得产品批准文号的，兽药生产企业应按照本公告发布的标签和说明书样稿自行修改标签和说明书内容。2016年11月1日起生产的产品，应使用新的产品标签和说明书。

四、2016年10月31日（含）前生产的产品，可在2017年4月30日前继续流通使用。

五、删除农业部公告第168号附录1产品目录中的"硫酸黏菌素预混剂"。

六、已取得硫酸黏菌素预混剂和硫酸黏菌素预混剂（发酵）批准文号的兽药生产企业，应于2016年11月1日前将批准文号批件送至我部兽医局，统一将"兽药添字"更换为"兽药字"，其他批准信息不变。

特此公告。

附件：1.质量标准（略）

2.标签和说明书（略）

农业部

2016年7月26日

中华人民共和国农业部公告 第2638号

为保障动物产品质量安全，维护公共卫生安全和生态安全，我部组织对喹乙醇预混剂、氨苯胂酸预混剂、洛克沙胂预混剂3种兽药产品开展了风险评估和安全再评价。评价认为喹乙醇、氨苯胂酸、洛克沙胂等3种兽药的原料药及各种制剂可能对动物产品质量安全、公共卫生安全和生态安全存在风险隐患。根据《兽药管理条例》第六十九条规定，我部决定停止在食品动物中使用喹乙醇、氨苯胂酸、洛克沙胂等3种兽药。现将有关事项公告如下。

一、自本公告发布之日起，我部停止受理喹乙醇、氨苯胂酸、洛克沙胂等3种兽药的原料药及各种制剂兽药产品批准文号的申请。

二、自2018年5月1日起，停止生产喹乙醇、氨苯胂酸、洛克沙胂等3种兽药的原料药及各种制剂，相关企业的兽药产品批准文号同时注销。2018年4月30日前生产的产品，可在2019年4月30日前流通使用。

三、自2019年5月1日起，停止经营、使用喹乙醇、氨苯胂酸、洛克沙胂等3种兽药的原料药及各种制剂。

农业部

2018年1月11日

兽用处方药品种目录

中华人民共和国农业部公告 第1997号

根据《兽药管理条例》和《兽用处方药和非处方药管理办法》规定,我部组织制定了《兽用处方药品种目录(第一批)》,现予发布,自2014年3月1日起施行。

特此公告。

农业部

2013年9月30日

兽用处方药品种目录(第一批)(节选)

一、抗微生物药

(一) 抗生素类

1. β-内酰胺类:注射用青霉素钠、注射用青霉素钾、氨苄西林混悬注射液、氨苄西林可溶性粉、注射用氨苄西林钠、注射用氯唑西林钠、阿莫西林注射液、注射用阿莫西林钠、阿莫西林片、阿莫西林可溶性粉、阿莫西林克拉维酸钾注射液、阿莫西林硫酸黏菌素注射液、注射用苯唑西林钠、注射用普鲁卡因青霉素、普鲁卡因青霉素注射液、注射用苄星青霉素。

2.头孢菌素类：注射用头孢噻呋、盐酸头孢噻呋注射液、注射用头孢噻呋钠、头孢氨苄注射液、硫酸头孢喹肟注射液。

3.氨基糖苷类：注射用硫酸链霉素、注射用硫酸双氢链霉素、硫酸双氢链霉素注射液、硫酸卡那霉素注射液、注射用硫酸卡那霉素、硫酸庆大霉素注射液、硫酸安普霉素注射液、硫酸安普霉素可溶性粉、硫酸安普霉素预混剂、硫酸新霉素溶液、硫酸新霉素粉（水产用）、硫酸新霉素预混剂、硫酸新霉素可溶性粉、盐酸大观霉素可溶性粉、盐酸大观霉素盐酸林可霉素可溶性粉。

4.四环素类：土霉素注射液、长效土霉素注射液、盐酸土霉素注射液、注射用盐酸土霉素、长效盐酸土霉素注射液、四环素片、注射用盐酸四环素、盐酸多西环素粉（水产用）、盐酸多西环素可溶性粉、盐酸多西环素片、盐酸多西环素注射液。

5.大环内酯类：红霉素片、注射用乳糖酸红霉素、硫氰酸红霉素可溶性粉、泰乐菌素注射液、注射用酒石酸泰乐菌素、酒石酸泰乐菌素可溶性粉、酒石酸泰乐菌素磺胺二甲嘧啶可溶性粉、磷酸泰乐菌素磺胺二甲嘧啶预混剂、替米考星注射液、替米考星可溶性粉、替米考星预混剂、替米考星溶液、磷酸替米考星预混剂、酒石酸吉他霉素可溶性粉。

6.酰胺醇类：氟苯尼考粉、氟苯尼考粉（水产用）、氟苯尼考注射液、氟苯尼考可溶性粉、氟苯尼考预混剂、氟苯尼考预混剂（50%）、甲砜霉素注射液、甲砜霉素粉、甲砜霉素粉（水产用）、甲砜霉素可溶性粉、甲砜霉素片、甲砜霉素颗粒。

7.林可胺类：盐酸林可霉素注射液、盐酸林可霉素片、盐酸林可霉素可溶性粉、盐酸林可霉素预混剂、盐酸林可霉素硫酸大观霉素预混剂。

8.其他：延胡索酸泰妙菌素可溶性粉。

中华人民共和国农业部公告　第2471号

根据《兽药管理条例》和《兽用处方药和非处方药管理办法》规定,我部组织制定了《兽用处方药品种目录(第二批)》,现予发布,自发布之日起施行。对列入目录的兽药品种,兽药生产企业按照有关要求自行增加"兽用处方药"标识,印制新的标签和说明书。原标签和说明书,兽药生产企业可继续使用至2017年6月30日,此前使用原标签和说明书生产的兽药产品,在产品有效期内可继续销售使用。

特此公告。

附件：兽用处方药品种目录（第二批）

农业部

2016年11月28日

兽用处方药品种目录（第二批）

序号	通用名称	分类	备注
1	硫酸黏菌素预混剂	抗生素类	
2	硫酸黏菌素预混剂（发酵）	抗生素类	
3	硫酸黏菌素可溶性粉	抗生素类	
4	三合激素注射液	泌尿生殖系统药物	
5	复方水杨酸钠注射液	中枢神经系统药物	含巴比妥
6	复方阿莫西林粉	抗生素类	
7	盐酸氨丙啉磺胺喹噁啉钠可溶性粉	磺胺类药	
8	复方氨苄西林粉	抗生素类	
9	氨苄西林钠可溶性粉	抗生素类	
10	高效氯氰菊酯溶液	杀虫药	
11	硫酸庆大—小诺霉素注射液	抗生素类	
12	复方磺胺二甲嘧啶钠可溶性粉	磺胺类药	
13	联磺甲氧苄啶预混剂	磺胺类药	
14	复方磺胺喹噁啉钠可溶性粉	磺胺类药	
15	精制敌百虫粉	杀虫药	
16	敌百虫溶液（水产用）	杀虫药	
17	磺胺氯达嗪钠乳酸甲氧苄啶可溶性粉	磺胺类药	
18	注射用硫酸头孢喹肟	抗生素类	
19	乙酰氨基阿维菌素注射液	抗生素类	

图书在版编目（CIP）数据

兽用抗菌药安全使用知识/中国兽医药品监察所编.
—2版.—北京：中国农业出版社，2019.5（2020.12重印）
ISBN 978-7-109-25460-2

Ⅰ．①兽　　Ⅱ．①中　　Ⅲ．①兽用药-抗菌素-用药
法 Ⅳ．①S859.79

中国版本图书馆CIP数据核字（2019）第076572号

中国农业出版社出版
（北京市朝阳区麦子店街18号楼）
（邮政编码 100125）
责任编辑　王琦瑢

───────────────

中农印务有限公司印刷　　新华书店北京发行所发行
2019年5月第2版　　2020年12月北京第2次印刷

───────────────

开本：880mm×1230mm　1/32　　印张：1.5
字数：30千字
定价：15.00元
（凡本版图书出现印刷、装订错误，请向出版社发行部调换）